Albert D

La Lèpre

Médecine

ISBN : 978-3-96787-970-4

10 9 8 7 6 5 4 3 2 1

Albert Dastre

La Lèpre

Médecine

Table de Matières

Introduction	**7**
Section I	**8**
Section II	**13**
Section III	**17**
Section IV	**18**
Section V	**21**
Section VI	**25**
Section VII	**27**

Introduction

Un jour, en 1810, à Saint-Pétersbourg, dans une réunion où se trouvaient Joseph de Maistre et son frère Xavier, la conversation étant tombée sur la lèpre des Hébreux, quelqu'un dit que cette maladie n'existait plus. Ce fut une occasion pour Xavier de Maistre de parler du lépreux de la cité d'Aoste qu'il avait connu. La surprise et l'intérêt qui accueillirent son récit lui donnèrent l'idée de l'écrire : et c'est à cette circonstance que beaucoup de lecteurs ont dû de savoir qu'il y avait encore des lépreux et des familles de lépreux, dans le Piémont, au temps des campagnes de Bonaparte, et qu'ils étaient séquestrés du reste du monde aussi rigoureusement qu'au moyen âge. L'histoire est entièrement véridique : c'est l'auteur lui-même qui est en scène, et c'est lui qui témoigne aux malheureux reclus de la Tour de la Frayeur une pitié si généreuse. Si nous n'en avions pour garante l'affirmation de Sainte-Beuve, l'exactitude rigoureuse des détails nous l'apprendrait. La médecine spéciale n'en dément aucun, non pas même de ceux — comme les pénibles insomnies et les hallucinations qui tourmentent les nuits de l'infortuné — que l'on pourrait croire inventés pour ajouter au pathétique.

Il existait donc des lépreux dans nos pays, il y a cent ans ; la lèpre n'y était pas entièrement éteinte. Elle ne l'est pas davantage aujourd'hui. Il y a encore de ces malades, et, certainement, en plus grand nombre. Les gens informés prétendent que l'on assiste, en ce moment, à un élan de recrudescence de cette affection qui désola si longtemps l'humanité. Toujours est-il que les médecins dermatologistes en renom sont consultés fréquemment pour des cas de lèpre authentique. Une conférence internationale s'est tenue à Berlin, au mois d'octobre 1897, pour aviser aux moyens de défense que nécessite son extension.[1] La question de la lèpre, soulevée deux fois déjà à l'Académie de médecine en 1885 et en 1888, y est revenue tout récemment à propos d'un projet d'établissement d'une léproserie dans l'un de nos départements.

La dernière léproserie qui ait existé en France est celle de Saint-

1 La léprologie est devenue une spécialité médicale. Il y a des médecins léprologues. Ils ont fondé une publication internationale : *Lepra, Bibliotheca internationalis, edita a* E. Besnier, Karl Dehio, Edward Jonathan Hutchinson, Albert Keisser ; elle paraît, à Paris, chez Masson.

Mesmin, près d'Orléans. C'est là que Louis XIV avait décidé, par un édit de décembre 1692, de réunir les derniers lépreux qui subsistaient çà et là dans le pays. « A présent, déclare le Roi, qu'il n'y a presque plus de lépreux dans le royaume, ceux qui se trouveront atteints de cette maladie seront logés tous dans un même lieu et entretenus aux dépens de l'ordre de Saint-Lazare. » Le marquis de Dangeau fut nommé grand maître de cet ordre célèbre, alors si détourné de son but originel.

Il s'agit donc, aujourd'hui, de relever cette espèce d'établissements hospitaliers que l'on appelait des *maladreries* et de réunir, en un même lieu, comme le voulait Louis XIV, les lépreux français. La proposition en est faite par dom Sauton, bénédictin de Ligugé, docteur en médecine, qui connaît mieux que quiconque la lèpre, étant docteur en médecine, spécialiste en dermatologie, et ayant visité tous les lépreux et toutes les léproseries des cinq parties du monde. Il a projeté d'établir un sanatorium pour cette catégorie de malades dans la commune de Ronceux, près de Neufchâteau, dans les Vosges. Les populations voisines se sont émues ; on a vu renaître chez elles quelque chose de la réprobation et de l'horreur dont la lèpre a été longtemps l'objet. Le maire de la commune a pris un arrêté d'interdiction. Le Conseil d'Etat, devant qui il a été fait appel, a saisi l'Académie de la question et a sollicité son avis.

Section I

La lèpre est répandue dans le monde entier. Il n'y a point de pays où l'on ne puisse trouver quelque sujet qui en soit atteint. A Paris même, il y a une petite colonie d'une vingtaine de lépreux dans le service du docteur Hallopeau à l'hôpital Saint-Louis. Tous ou presque tous ont contracté le germe de l'affection dans les pays lointains, à la Guyane, au Brésil, dans l'Inde, au Tonkin ou en Chine. Il y a, à Paris, d'autres lépreux encore, qui, ceux-là, ne sont point hospitalisés : employés coloniaux, qui ont rapporté la maladie de Madagascar ou de la Nouvelle-Calédonie, missionnaires, sœurs de charité ou infirmiers qui ont contracté l'affection en prodiguant leurs soins à de malheureux malades ; voyageurs de passage, enfin, qui viennent consulter ici les sommités médicales. Le docteur Besnier évalue leur nombre à 120 ; le docteur Jeanselme à 200. Tous ces cas sont d'importation étrangère : ils ne sont pas originaires de Paris même. Il n'y a pas, dans la capitale, de véritable foyer endémique où la maladie se soit perpétuée.

Mais il existe ailleurs, en France, plusieurs de ces anciens foyers mal éteints. Il y a quelques hameaux encore infectés, dans le département des Alpes-Maritimes, sur la Côte d'Azur. Avant l'annexion du Comté de Nice à la France, on trouvait des lépreux à Nice, à la Turbie, à Beaulieu, à Roquebrune et à Menton. C'étaient les restes d'une colonie lépreuse qui, d'après la tradition, remonterait à l'invasion sarrasine. Peu de temps avant de nous céder le pays, le gouvernement piémontais y fit une rafle de ces malheureux, et les interna dans l'asile spécial de San Remo. Quelques-uns échappèrent à cette opération de police sanitaire, et continuèrent à propager la maladie. En 1888, MM. Chantemesse et Moriez ont reconnu, le long de la côte, à Laghel, à Tourette, à Eze et à Saint-Laurent-d'Eze, quatre petites épidémies qui n'avaient pas une autre origine et qui ont fait périr une vingtaine de personnes.

La lèpre, qui avait été très répandue en Bretagne jusqu'au XVIIe siècle, ne s'y est pas éteinte d'une façon absolue. Des cas authentiques se produisent encore de temps à autre dans les environs de Morlaix et de Brest. Il subsiste aussi, çà et là, dans cette province, quelques hameaux ou le fléau ancien s'est maintenu sous des formes plus ou moins dégénérées et déguisées, dont le lien de filiation avec l'affection originelle est discuté et incertain ; telle cette maladie de Morvan, qui se traduit par une succession de panaris multiples, indolores, qui font tomber successivement tous les doigts d'une main. C'est à ce petit nombre de lépreux autochtones que se réduirait la clientèle de l'asile que dom Sauton se propose d'ouvrir dans les Vosges. Mais, à côté de ceux-là, il faut compter tous ceux qui, venus de l'étranger ou des colonies, débarquent à Bordeaux, à Marseille ou à Toulon : employés, agents commerciaux, missionnaires, soldats, sœurs de charité, infirmiers ; catégorie qui s'accroît sans cesse, et qu'il s'agit de grouper et de soigner pour éviter qu'ils ne disséminent et n'allument sur toute l'étendue du territoire de nouveaux foyers d'où le mal, retrempé, en quelque sorte, à ses sources, s'élancerait avec une virulence et une puissance d'expansion redoutables. Au total, c'est un maximum de 3 ou 400 malades qu'il y aurait à hospitaliser en France.

Dans la séance du 21 mai dernier, le savant rapporteur de la Commission académique, le docteur Besnier, déclarait que cette création d'une léproserie serait fort utile au point de vue humanitaire ; qu'elle ne constituerait pas un danger pour le voisinage ; qu'elle rendrait de grands services. Il lui paraît seulement qu'elle serait mieux placée sur le littoral méditerranéen, qui est à fois le point d'accès des malades d'outre-mer et le berceau des malades autochtones. L'internement, d'ailleurs, n'y devrait pas être obligatoire : il n'y aurait ni placement d'office, ni séquestration, comme dans les maladreries du temps passé ; ce serait un sanatorium libre.

On vient de voir que c'est le mouvement colonial qui a ravivé le fléau presque éteint en Europe, comme autrefois, le mouvement des Croisades avait eu un effet analogue. L'activité des échanges entre les populations métropolitaines et exotiques se traduit d'abord par l'échange de leurs maladies. La situation, à cet égard, est la même pour l'Allemagne que pour nous. L'expansion mondiale de nos voisins a eu pour effet l'importation de quelques cas de lèpre. Jusqu'en 1840, le mal était complètement inconnu en Prusse. Il y a quelques années, une petite épidémie éclatait dans le district de Memel et faisait périr 19 personnes. En 1899, 17 localités, autour de la ville, étaient contaminées. Le service sanitaire n'a pas hésité à y ouvrir une léproserie.

L'administration allemande a l'habitude des mesures immédiates et rigoureuses. Elle n'a pas voulu que l'épidémie de Memel eût une seconde édition. Il y a deux ans, un commerçant de l'Amérique du Sud, originaire de Rostock, dans le duché de Mecklembourg, rentrait dans son pays. Il y rapportait, avec sa fortune faite, une affection inconnue qui fut diagnostiquée lèpre. La direction des affaires médicales, informée par le médecin consultant, invita le malade à quitter la ville de Rostock, à acheter dans la banlieue une maison de campagne isolée, où il devrait se retirer. On poussa la sollicitude jusqu'à assigner au maître de la maison et aux divers membres de sa famille les pièces qu'ils devraient occuper.

L'Angleterre, qui compte, dans ses possessions d'outre-mer, tant de pays où la lèpre est endémique, s'est toujours défendue efficacement contre l'invasion du fléau. Elle a, dès longtemps, créé des léproseries partout où elles étaient nécessaires. Depuis plusieurs siècles, elle-même s'est débarrassée de ses anciens foyers endémiques. Et, quant aux cas importés, en trente ans, de 1868 à 1898, on n'en aurait pas compté, selon les calculs du docteur S. Abraham, plus de 96, dont 85 pour l'Angleterre, 6 pour l'Ecosse et 5 pour l'Irlande.

L'Espagne présente un certain nombre de foyers disséminés et peu actifs. On ne s'en inquiète guère. Les lépreux ne sont pas isolés. Ils travaillent aux champs, ils gardent les troupeaux ; ils trouvent, paraît-il, à se marier. On ne les tient à l'écart que lorsque leurs lésions sont très avancées ou très répugnantes. Un centre morbide, de formation nouvelle, s'est montré, de notre temps, dans la province d'Alicante. L'histoire en est intéressante, parce qu'elle manifeste la contagiosité de la maladie en quelque sorte prise sur le fait. La lèpre était entièrement inconnue à Sagra, lorsqu'en 1850 un habitant, qui était originaire de cette commune, vint s'y retirer après avoir passé quelques années aux Philippines. Il en rapportait un mal dont il ne connaissait ni la nature, ni la gravité, et qui n'était autre chose que la lèpre à ses débuts. Il la communiqua à ses amis, qui en furent les premières victimes ; et de là, de proche en proche, le mal s'étendit si bien dans les villages voisins de Jalon, Parcent, Orba, etc., que plus de deux cents personnes en furent atteintes, dans l'espace de quelques années. En 1887, cent cinquante de ces malheureux vivaient encore.

Il y aurait environ un millier de lépreux en Portugal. Ils seraient quelques centaines en Italie, groupés principalement en Ligurie et en Sicile. En Grèce, les malades de la classe pauvre sont repoussés des villes et des villages, et ils se réfugient loin des habitations, dans des grottes ou des cabanes. La population pousse l'hostilité si loin qu'elle s'est opposée à l'ouverture d'une léproserie qu'un riche philanthrope, M. Mavrocordatos, avait voulu établir dans la vallée de Marathon. — La Roumanie compte quelques centaines de malades et deux léproseries : l'une à Rachitota, en Moldavie ; l'autre à Dobrugea. — L'empire ottoman est plus gravement infesté. Les cas sont nombreux dans les îles de l'Archipel, en Crète particulièrement. Les asiles où les lépreux sont rassemblés, lorsque leurs lésions deviennent trop graves pour leur permettre la vie isolée, sont, le plus souvent, misérables. Il y a, selon Zambaco-Pacha, plus de 600 lépreux ambulants à Constantinople, vivant de mendicité.

Il ne faudrait pas croire, d'après cela, que la lèpre soit surtout une maladie des pays chauds. Le Nord de l'Europe n'est pas plus épargné que le Midi. La maladie a sévi avec une intensité particulière en Norvège. En 1856, on y comptait plus de 3 000 lépreux. Une réglementation intelligente a eu raison du fléau en peu d'années. Cet heureux résultat est dû aux conseils d'un éminent léprologue, le docteur Hansen, l'auteur de la découverte du bacille qui est l'agent de la contagion. Il obtint du gouvernement un décret qui imposait l'isolement et la séquestration dans des asiles aménagés à cet effet. Cinq léproseries furent créées, dont trois à Bergen, une à Trondjhem et une autre à Molde. Trois de ces asiles sont devenus à peu près inutiles aujourd'hui : on n'en a conservé que deux. En 1890, le nombre des malades était tombé à 800. Il n'est plus, aujourd'hui, que de 180 environ.

Les provinces baltiques sont encore fortement atteintes : il y aurait, selon le docteur Dehio, plus de 600 lépreux en Livonie, une centaine en Courlande, et une centaine, encore, en Esthonie. Enfin, plus loin encore au nord, en Islande, la lèpre sévit avec intensité : c'est le pays d'Europe qui fournit le plus de lépreux par rapport à sa population. La proportion y est de 3 pour 100. La plupart vivent dans les fermes, acceptés par les habitants, sans répugnance. Le docteur Ehlers, de Copenhague, a obtenu, pour les malades plus sévèrement touchés, la création d'une grande léproserie dans la capitale de l'île, à Reikjavick. La lèpre est fréquente chez les Samoyèdes et les Ostiacks. Dans la Sibérie orientale, la population indigène est également sujette à la maladie. On croyait, jusqu'ici, que les Européens, fonctionnaires, soldats, commerçants, échappaient à la contamination. Des exemples récents ont montré la vanité de cette immunité prétendue. La presse médicale a signalé, en 1899, des cas authentiques de contagion, s'attaquant aux étrangers peu de temps après leur arrivée dans le pays.

Il semble, d'après tous les faits connus, que le danger de contamination vienne plutôt du fait d'habiter un pays lépreux, que du fait de fréquenter des habitants lépreux. Et ces pays, où le fléau endémique peut devenir contagieux et même épidémique, ne sont pas seulement les pays chauds, ainsi que l'on vient de le voir. Il y a d'autres causes prédisposantes, plus efficaces que le climat. On a cité, entre autres, l'alimentation. Jonathan Hutchinson et Zambaco n'ont pas craint d'affirmer que l'usage des poissons en décomposition et des salaisons altérées était l'une des plus efficaces. Cette opinion est corroborée par le fait que les ravages de la lèpre s'étendent à presque toutes les populations riveraines de la mer et ichtyophages.

Section II

La réapparition de la lèpre en Europe n'est qu'une conséquence de l'extension considérable de cette affection dans les pays d'outre-mer, et de la multiplication de nos rapports avec eux. Au total, il faut évaluer au-delà d'un million le nombre des lépreux dans le monde entier. Là-dessus, le contingent de l'Europe est à peine de quelques milliers : la grosse part revient aux contrées exotiques ; et surtout à la Chine, au Japon, aux Indes anglaises et à la Birmanie, pour l'Asie ; au Brésil et à la Colombie, pour l'Amérique du Sud ; à Madagascar, pour l'Afrique ; aux des Hawaï ou Sandwich, à la Nouvelle-Calédonie, parmi les îles océaniennes.

La proportion des lépreux à la population, dans ces contrées contaminées, oscille autour de 1 pour 1 000 : elle dépasse ce chiffre dans beaucoup de cas. Pour ne parler que des colonies françaises, le rapport de 1 à 1 000 est atteint en Cochinchine et au Tonkin ; il est dépassé à la Guyane et en Nouvelle-Calédonie : il monte à 3 pour 1 000 au Cambodge ; à Madagascar, il s'élève, dans la province des Betsiléos, à 5 pour 1 000, c'est-à-dire qu'il y a un lépreux sur 200 habitants. Il en est de même au Dahomey.

La situation est à peu près pareille dans les colonies anglaises et les pays d'Empire. Les Indes et les Etats feudataires comptent environ 140 000 lépreux ; il y en a plus de 6000 dans la seule Birmanie. Les léproseries instituées dans ces pays, dont quelques-unes sont fort bien tenues, sont cependant insuffisantes. En Egypte, il y aurait, d'après le docteur Engel-Bey, près de 3 000 malades ; les plus nombreux se trouvent dans la région d'Assiout. On cache le fait, de peur d'éloigner les touristes.

En somme, il y a bien peu de contrées exotiques qui échappent au fléau. Les plus salubres d'entre elles sont, à cet égard, dans une situation analogue à celle de l'Europe au moyen âge. Quelques autres peuvent nous fournir une image assez exacte de l'état de nos pays au temps des grandes épidémies, après l'invasion des Barbares et après les Croisades. Telle est la Chine, réceptacle inépuisable de toutes les contagions, où la lèpre sévit avec intensité ; dans toutes les provinces méridionales et où l'on ne compte pas moins de 42 000 lépreux dans le Kiang-si ; de 12 000 dans le Yun-nan : de 30 000 dans le Fokien et le Kouang-tong. Un autre pays semble encore plus éprouvé, sous ce rapport ; c'est, dans l'Amérique du Sud, la Colombie : sur une population d'environ trois millions et demi d'habitants, il y en a à peu près 30 000, de toute situation sociale, riches ou pauvres, qui sont infectés par la maladie. Sur le même continent, le Brésil est, après la Colombie, le foyer le plus important. Le fléau y est en marche ascendante : il sévit dans toutes les classes de la société.

En Océanie, les îles Hawaï ou Sandwich ont été particulièrement éprouvées. La population indigène a été littéralement décimée. De 58 765 en 1800, le nombre des Canaques est tombé, en 1806, à 35 000 ; dans cet intervalle, plus de 5 000 de ces malheureux ont été séquestrés par le gouvernement hawaïen dans l'île de Molokaï. Dès que la lèpre est soupçonnée chez un individu, celui-ci est placé d'office dans le poste d'observation de Kilighi, près d'Honolulu ; aussitôt que le diagnostic est confirmé, il est déporté, sans espoir de retour, sur la plage de Molokaï. Le gouvernement fait distribuer à ces prisonniers du poï, du riz, de l'huile, de la viande deux fois par semaine et des vêtements : il dépense pour chacun d'eux environ 450 francs par an. Les plus riches se font construire une maison à eux ; les autres trouvent asile chez des compagnons d'infortune ; ou, si ce sont des femmes, elles sont recueillies dans une série de pavillons qu'un banquier d'Honolulu, M. Bishop, a fait édifier à cet effet. Dom Sauton, qui les a visités en 1899, les a trouvés satisfaits d'avoir le nécessaire, presque heureux de leur sort, et ne songeant plus qu'à chanter, rire et s'amuser.

Il faut rapprocher de ces condamnés, qui trompent si gaiement l'attente de la mort, le petit nombre de ceux qui, dans d'autres contrées, sont recueillis et soignés dans quelques léproseries bien tenues. Tels, par exemple, les Malgaches que les Jésuites hospitalisent, depuis 1891, dans la léproserie de Saint-Laurent de Marana. Ils habitent dans des chambrées convenables, sont bien nourris et proprement vêtus. La plupart sont employés aux travaux des champs ; ils cultivent, malgré les mutilations de leurs pieds et de leurs mains, des patates, des citrouilles, du manioc, plantent des arbres, et défrichent des terrains incultes. Ils reçoivent, pour leur travail modéré, un petit salaire qui leur permet d'ajouter quelques douceurs à l'ordinaire de leur table. C'est une vie tranquille et presque joyeuse.

Comme antithèse à cette condition privilégiée, voyons celle qui attend les infortunés lépreux dans quelques autres contrées. Dans certaines parties de la Chine, le peuple, qui croit la maladie très contagieuse, essaye de se débarrasser des malheureux qui en sont atteints. Déposés, avec une petite provision de vivres, dans quelque mauvais sampan, ils sont abandonnés au fil de l'eau, et on leur interdit d'aborder nulle part ; ou bien, comme dans le Turkestan, ils sont lapidés, ou tout au moins chassés à coups de pied et à coups de bâton dans les endroits déserts, où ils succombent aux privations et aux intempéries. Aussi, pour résister à ces dangers, ces malheureux se groupent-ils, lorsqu'ils le peuvent : ils forment des villages dont ils interdisent l'accès à leurs persécuteurs ; ils tuent les téméraires qui enfreignent la défense. Il existe plusieurs villages de ce genre auprès de Canton.

De même, dans quelques parties de l'Asie Mineure et en Palestine, la populace pourchasse les lépreux hors des villes. A Siloë, près de Jérusalem, ces malheureux forment une petite colonie qui vit en commun dans deux bâtiments sordides. Le jour, ils implorent la pitié des pèlerins et sollicitent l'aumône des passants sur le chemin du Calvaire ; rentrés à leur asile, ils partagent la collecte. Ils administrent leurs affaires sous la direction d'un chef. Ils se marient ; quelques-uns ont plusieurs femmes. Zambaco-Pacha, qui les a visités, a donné la description de l'un de leurs taudis. « Là, dit-il, dans quatre pièces ignobles, dont l'atmosphère suffoque, comme celle d'un dépôt de chiffons et d'os, habitent trente-six lépreux musulmans et une chrétienne grecque, qui couchent pêle-mêle sur des nattes pourries et des haillons ramassés dans les ordures. Dans un coin obscur de ce dépôt de mendicité, gît un débris d'être humain, dans un état de mutilation et de décomposition impossible à décrire. » Dans bien d'autres léproseries, les malheureux hospitalisés sont laissés dans un état de misère et d'abandon encore plus affreux.

On peut dire, en définitive, que dans le temps présent les lépreux sont traités de la manière la plus différente suivant les pays et l'état des mœurs. L'élément qui a le plus d'influence sur le traitement qu'ils reçoivent, c'est l'idée que se forme la population du degré de contagiosité plus ou moins grande de l'affection. Au Cambodge, au Japon, dans quelques pays d'Europe tels que l'Espagne, où la lèpre est considérée avec pitié, comme une affection ordinaire, on laisse aux lépreux la plus grande liberté : ceux qui sont riches se soignent chez eux ; ceux qui ont des métiers continuent à les exercer tant que la marche de la maladie le leur permet : ceux qui sont misérables recourent à la charité publique ; ils mendient sur les routes, ou demandent l'aumône à la porte des églises, des temples et des pagodes. Ils sont reçus dans les hôpitaux et traités à côté des autres malades, quand leur infirmité s'aggrave.

Dans une seconde manière, ce sont les conseils médicaux et l'état de l'opinion qui imposent au malade un isolement plus ou moins complet. C'est le régime le plus général : il est en vigueur en de nombreux pays, à Singapour, aux Indes, dans la Guyane française.

L'isolement obligatoire et permanent est une troisième manière, qui répond à une situation plus périlleuse. L'opinion publique est persuadée de la contagiosité du mal. La population exige l'internement ou tout au moins la séparation du sujet contaminé d'avec le reste de la communauté. C'est là un moyen héroïque par lequel un pays peut espérer se débarrasser d'un fléau envahissant. Il a réussi jadis à débarrasser l'Europe, du mal qui la rongeait. C'est lui qui a fait disparaître, en une quinzaine d'années, l'épidémie qui ravageait la Norvège.

Le type extrême de cette manière brutale et forte est offert par les Etats-Unis. Elle est en vigueur aux deux extrémités du continent Nord-Américain, à New York et à San Francisco. A l'entrée du chenal de New York, à Sandy Hoop, on a déporté sur un îlot désert un certain nombre de lépreux, qui reçoivent, une fois par semaine, par bateau, les vivres qui leur sont nécessaires. Il est interdit de les visiter.

A San Francisco, les lépreux sont séquestrés dans une prison, au Pest-house, loin de la ville, dans des conditions hygiéniques déplorables qui s'ajoutent à l'insalubrité du lieu. Il n'existe pas de régime plus draconien. Il ne reste plus, après cela, que la mise hors la loi, comme elle a été appliquée dans les temps les plus durs du moyen âge.

Section III

Le grand fait qui domine l'étude de la lèpre et qui l'éclaire jusque dans ses profondeurs, c'est la découverte de sa nature microbienne, c'est-à-dire parasitaire. Il y a un bacille qui est la cause efficiente de la maladie. C'est à cet agent et à ses manières d'être et de réagir vis-à-vis de l'organisme, qu'il faut rapporter les symptômes de l'affection, les désordres qu'elle engendre, les modes de sa propagation. Cette observation fondamentale est due à un médecin norvégien, le docteur A. Hansen, qui, aux environs de 1870, étudiait avec soin l'épidémie qui s'était déclarée à Bergen. Bientôt après, le professeur Neisser (de Breslau) retrouvait ce micro-organisme et fournissait un moyen de le colorer, et par conséquent de le déceler et de le reconnaître. De là les noms de bacille de Hansen ou bacille de Hansen-Neisser, sous lesquels il est connu.

Avant l'acquisition de cette notion capitale, les connaissances sur la lèpre étaient restées très vagues. On aurait pu croire que cette maladie qui avait désolé si longtemps l'Europe, et qui est encore si répandue dans les autres parties du monde, n'avait plus de secrets pour la médecine, au point de vue nosologique. C'est une erreur. Jusqu'au milieu environ du XIXe siècle, on n'en a connu que peu de chose. Son étude était restée, pour ainsi dire, sans base scientifique. Les investigations de Bœck, en Norvège, vers 1842, et celles de Danielssen, en Suède, aux environs de 1848, lui en donnèrent une. Ces observateurs firent apercevoir l'unité du mal sous la variété de ses aspects. M. Hansen, en découvrant, vers 1871, l'agent infectieux, couronna glorieusement l'œuvre de ses prédécesseurs. Une ère nouvelle commençait. Plus de progrès avaient été accomplis, dans ces trente années, qu'il n'en avait été réalisé en trente siècles d'observation clinique. Avant d'exposer ces progrès récents et d'aborder cette histoire nouvelle de la lèpre, il est utile de jeter un coup d'œil rapide sur son histoire ancienne.

Section IV

La lèpre est la plus ancienne des maladies qui aient affligé l'humanité. Ce n'est pas la plus meurtrière, mais c'est à coup sûr celle qui a toujours inspiré le plus d'horreur. L'aspect hideux des plaies et des ulcérations qui la caractérisent ; la défiguration qu'elle occasionne dans certains cas, en infiltrant les téguments du visage et en grossissant ses traits, de manière à les faire ressembler grossièrement à ceux d'un fauve (face léonine, léontiase) ; la déformation des membres, épaissis, dans d'autres cas, de manière à justifier, par comparaison avec ceux de l'éléphant, le nom d'*éléphantiasis* ; la mutilation des extrémités, dont les tissus se dessèchent et se nécrosent, entraînant la chute des phalanges, des doigts, et quelquefois de la main ou du pied tout entier, ou celle du nez et des oreilles, — tous ces traits de la maladie expliquent bien la répugnance, le dégoût et la profonde horreur dont elle n'a cessé d'être l'objet.

L'histoire de la lèpre n'est donc, en définitive, que le récit des ravages exercés par cet ennemi séculaire de l'humanité, de la répulsion quelle a provoquée, et des précautions plus ou moins barbares auxquelles les populations avaient recours pour s'en mettre à l'abri.

L'Egypte a été l'un des premiers foyers de la lèpre. Muench prétend qu'elle y avait été importée de l'Inde ou de la Chine. C'est sur la terre des Pharaons, en tous cas, que les Hébreux, durant leur longue captivité, en furent cruellement affligés, et c'est de là qu'ils en emportèrent le germe. C'est ce mal qui provoquait les plaintes de Job : « Ma peau ulcérée, noircie, desséchée n'a plus de chair pour la soutenir, et elle adhère à mes os ; d'atroces douleurs ne me laissent reposer, ni le jour, ni la nuit. »

Ce fut, comme on sait, après les Croisades que le fléau prit une extension effrayante. On a prétendu, quelquefois, que la lèpre avait été introduite en Europe à cette époque. Les auteurs, se copiant les uns les autres, ont répandu cette opinion ; mais elle est démentie par des témoignages décisifs. La lèpre existait dans l'Occident avant le temps des Croisades. Comme elle était venue de l'Inde en Egypte, de même elle avait passé de l'Egypte en Grèce. Les légions de Pompée l'avaient transportée à Rome, où, d'ailleurs, elle eut peine à s'implanter, à cause sans doute des habitudes hygiéniques qui y étaient en honneur. Elle avait pénétré dans les Gaules avec les armées romaines et elle y avait pris un grand développement, à la suite des invasions des Barbares. Les conciles d'Orléans, en 549, et de Lyon, en 583, recommandent les lépreux à la charité des évêques, les invitant à leur fournir la subsistance nécessaire afin d'éviter qu'ils ne se mêlent aux autres hommes. Un édit de Pépin le Bref, en 757, fait de cette maladie une cause de dissolution de mariage. Charlemagne, en 789, renouvelle aux lépreux l'obligation de vivre séquestrés. Le fléau était donc très répandu en France : dans le même temps, il désolait la Lombardie.

Il y a des raisons de penser que la lèpre s'était atténuée progressivement et qu'elle avait perdu tout caractère épidémique au moment où se produisit le mouvement des Croisades. Ce mélange des races et des peuples raviva l'activité infectieuse, comme il arrive toutes les fois que l'on offre à un agent virulent épuisé un nouveau champ de culture, un terrain neuf. Le nombre des lépreux s'accrut dans des proportions énormes. En 1226, il y avait en France environ 4 000 léproseries. On le sait par le testament du roi Louis VIII qui, à cette date, léguait à chacune des 2 000 léproseries de son royaume (moitié, comme étendue, de la France actuelle) une somme de cent sous (*centum solidos*), équivalente à environ 84 francs de notre monnaie.

L'ordre de Saint-Lazare avait été institué par les Croisés, à Jérusalem, au commencement du XIIe siècle, pour secourir les lépreux et leur donner des soins. Le grand maître devait être lui-même un lépreux. Cette obligation subsista jusqu'au pontificat d'Innocent IV, qui l'abolit. Lorsque les chevaliers hospitaliers furent chassés de la Terre Sainte, Louis VII les accueillit en France, leur donna la terre de Boigny, près d'Orléans, et, aux portes de Paris, une maison qui devait servir d'asile pour les lépreux, c'est-à-dire de *maladrerie*. La lèpre était désignée sous le nom de mal de Saint-Lazare. Saint-Lazare fut considéré comme le patron des lépreux, par suite d'une confusion populaire entre Lazare, le frère de Marie et Marthe, ressuscité par Jésus-Christ et canonisé par l'Eglise, et le mendiant couvert d'ulcères dont il est question dans la parabole du mauvais riche.

Mais ces lazarets, ces maladreries, fondés par des seigneurs charitables, et auxquels, dans la suite, d'assez grands biens furent légués, étaient-ils destinés uniquement aux lépreux ; ou, plutôt, n'étaient-ils pas, très souvent, des hôpitaux affectés aux maladies communes ? Cette opinion a été soutenue, autrefois, par M. Labourt.

Quoi qu'il en soit, les ordonnances royales avaient posé, en faveur des lépreux, le principe de l'assistance locale. Les communes ou les paroisses devaient leur fournir le logement et le vêtement. De leur côté, ils devaient se résigner à l'internement dans la maladrerie ou à l'isolation, et se soumettre aux prescriptions réglementaires.

Ces règles étaient à peu près partout les mêmes. La coutume de Lille, celle de Mons, celle du Hainaut les reproduisent, à quelques variantes près.

L'homme entaché de lèpre devait être conduit aux épreuves, par les échevins ; c'est-à-dire soumis à l'examen d'un jury composé de sept incontestables et authentiques lépreux, des maladreries. Si l'examen avait un résultat positif, l'homme devait être isolé. On lui fournissait, aux dépens de l'aumône publique, une logette en dehors de la ville, c'est-à-dire une cabane ou maisonnette construite sur quatre poteaux. On lui donnait, de plus, un mobilier sommaire, quelques ustensiles de cuisine, un grand chapeau, un manteau gris, des cliquettes et une besace. A la mort du malade, tout cela devait être brûlé.

Il était interdit aux lépreux de pénétrer dans la ville. Celle interdiction était levée, dans certains pays (Mons, Marseille), pendant quinze jours avant Pâques et huit jours avant Noël. Il lui était défendu d'entrer dans les églises, aux marchés, aux moulins, aux fours où l'on cuit le pain ; de se laver les mains dans les ruisseaux et les fontaines ; de désigner les denrées, vins ou viandes, qu'il désirait acquérir, autrement qu'avec une baguette ; d'entrer aux endroits où il y a affluence de peuple ; de toucher aucunement aux enfants quels qu'ils soient. Il devait n'approcher personne ; se tenir au-dessous du vent, quand il parlait à quelqu'un ; ne pas sortir de sa borde ou tanière sans être vêtu de la housse. Il lui était permis de demander l'aumône des bonnes gens, et de vaguer sur les chemins, à la condition de faire sonner sa tartevelle ou cliquette pour avertir les passants de sa présence.

Dans beaucoup de pays la solennité de ces engagements était relevée par une cérémonie symbolique et cruelle que l'on appelait « le service des Lombards. » Elle était destinée à faire comprendre au malheureux qu'il était désormais retranché du monde et frappé d'une mort anticipée. A Péronne, par exemple, le lépreux était amené au portail de l'église Sainte-Radegonde. Le prêtre l'exhortait et lui signifiait qu'il était « mort et mis hors du monde. » Il était étendu sur une civière, et couvert du drap funèbre. Le prêtre faisait la levée du corps et chantait sur lui le *Libera*, ainsi qu'il est d'usage dans les enterrements. Puis, il était aspergé d'eau bénite et conduit processionnellement à la maladrerie ou à son enclos. Le lépreux, en effet, était mort civilement ; son mariage était dissous ; il n'était plus qu'usufruitier de ses biens et inhabile à hériter.

Lorsque l'on rapproche cette situation de celle qui est faite, aujourd'hui, aux lépreux hawaïens de Molokaï, ou aux lépreux américains de Sandy Hoop, par la loi des Etats-Unis, on peut comprendre que les mœurs de ces peuples nouveaux ne sont pas aussi éloignées qu'ils le croient de celles de nos pères.

Section V

On a certainement confondu, autrefois, sous le nom de lèpre, une foule d'affections cutanées invétérées et incurables : des dermatoses distinctes, le psoriasis, les eczémas rebelles, les lupus tuberculeux, et les syphilides ulcéreuses. Les manifestations de cette dernière espèce ont dû, très fréquemment, donner lieu à des erreurs. Les historiens de la lèpre ont tous été frappés de la brusque décadence de la maladie, après le XVe siècle, c'est-à-dire lorsque les médecins ont commencé à connaître la syphilis ou *mal spécifique*. Quelques-uns ont pu croire que la première maladie s'était transformée dans la seconde. Une telle transformation est sans fondement comme sans exemple. La science actuelle la repousse. Le fait de la disparition de la lèpre eu Europe tient, peut-être, pour une part, comme le dit Vidal, à ce que les connaissances médicales en dermatologie sont devenues plus parfaites. Il n'est pas douteux que la part principale, dans cette extinction du fléau, en Occident, revient à l'action combinée de l'isolement et des progrès de l'hygiène. Toutefois, il y a des cas, encore aujourd'hui, où le diagnostic est difficile à établir, entre les symptômes du mal spécifique et ceux de la lèpre. Les médecins les plus habiles peuvent hésiter. On a pu voir, à la Société médicale des Hôpitaux, il y a quelque dix-huit mois, un malade que le présentateur, M. Renaut, considérait comme affecté de syringomyélie, — ce qui est une forme du mal spécifique, — tandis que d'autres, comme MM. Rendu et Gilles de la Tourette, le jugeaient atteint de lèpre véritable. Le seul examen des symptômes ne permet donc pas toujours de décider de la nature du mal. Il faut l'épreuve cruciale, celle de la présence du bacille.

Les lésions de la lèpre atteignent primitivement deux espèces d'organes et deux seulement : la peau, les nerfs. C'est là une division fondamentale. Il y a, par conséquent, deux espèces de lèpre : la lèpre des nerfs, encore appelée lèpre anesthésique ou lèpre antonine ; la lèpre de la peau, lèpre tégumentaire ou noueuse, lèpre léonine.

Le caractère nerveux de la lèpre est très général : il tient à l'affinité du bacille de Hansen pour le tissu nerveux, et à l'envahissement plus ou moins précoce des nerfs périphériques, par ce micro-organisme. L'insensibilité des organes frappés est tout à fait remarquable. Un homme assis près d'un poêle se brûle le dos sans s'en apercevoir. Il y a bien des raisons de supposer que c'est un lépreux. Un autre ne sent pas le contact du sol : la plante du pied est, chez lui, comme une semelle supplémentaire : il lui semble qu'il marche sur du coton : la probabilité est la même. Mais, si, par surcroît, on trouve des nodosités sur le trajet des nerfs, et des bacilles dans ces nodosités, le doute n'est plus possible. C'est un lépreux anesthésique. L'épreuve de la recherche du bacille de Hansen dans un fragment de nerf est décisive. Il est regrettable qu'elle exige une petite opération. Nous allons voir que M. Spronck a fourni un moyen d'éviter cet inconvénient. Ce que nous venons de dire de la lèpre nerveuse est également vrai de l'autre forme. Le bacille se retrouve, en effet, chez tous les malades et dans presque tous les points où il existe des lésions lépreuses (des léprides ou des lépromes, comme disent les dermatologistes), particulièrement lorsque ces lésions sont infiltrées ou ulcérées. Il fourmille dans ces tissus malades et dans les liquides qui s'en écoulent. Et, comme il y a originairement deux sortes de lésions lépreuses, celles qui frappent les téguments, peau et muqueuses d'une part, et celles qui atteignent les nerfs, c'est aussi dans ces deux organes que se cantonne primitivement le bacille de la lèpre. Il s'y accumule en grandes quantités, formant des amas et des boules épineuses tout à fait caractéristiques. C'est une règle à peu près sans exception que les observateurs qui ont su rechercher le bacille, dans les organes lésés, l'y ont constamment trouvé, sans difficulté. Au contraire, ce n'est que dans des circonstances tout à fait accidentelles et passagères qu'il se rencontre dans le sang et dans les sécrétions des glandes, ces derniers organes étant très rarement altérés dans le cours de l'affection.

L'existence du bacille, vérifiée par les observateurs dans tous les cas de lèpre authentique, a donc la valeur d'un critérium ; elle est de première importance pour éclairer le diagnostic.

Le microbe de la lèpre, depuis le premier moment où il a été signalé, en 1871, par Hansen, et surtout depuis que Neisser eut fait connaître la technique de sa coloration, a été l'objet d'un grand nombre d'études de la part des dermatologistes de tous les pays. C'est un bacille allongé, assez semblable d'aspect à celui de la tuberculose, avec lequel Danielssen a voulu, à tort, l'identifier. Il s'en distingue par toute sa manière d'être. Il pullule, avons-nous dit, dans toutes les lésions lépreuses, de la peau comme des nerfs ; tandis que celui de la tuberculose est clairsemé dans les lésions de cette maladie ; il sécrète une sorte de matière poisseuse qui l'agglomère à ses voisins avec lesquels il forme des amas ou des boules épineuses, tandis que le bacille de Koch vit isolé. Enfin, il s'est montré presque absolument rebelle à la culture, circonstance qui a créé, à l'étude de la contagion et du mode de propagation de la lèpre, des difficultés particulières et qui ne sont pas encore tout à fait levées.

Il ne se cultive pas dans les milieux vivants où on l'a introduit. Il n'est pas inoculable aux animaux : ni au chien, ni au lapin, ni au porc, ni au cobaye, ni même au singe. Il n'y a pas lieu de s'en étonner, puisque aucune de ces espèces n'est sujette à la lèpre. L'affection reste spéciale à l'homme : c'est dans ce sens que l'on a dit qu'elle était « la plus humaine des maladies. » C'est un trait de ressemblance avec la syphilis, qui, également, est particulière à la race humaine, à moins que l'on n'en doive rapprocher l'affection, récemment étudiée, que cause l'inoculation du trypanosome chez quelques espèces domestiques.

Le bacille de la lèpre n'est même pas artificiellement inoculable à l'homme en toutes circonstances. Il faut pour l'infection expérimentale, comme pour l'infection naturelle, une réunion de circonstances et un concours de conditions qui ne sont pas encore précisées. Danielssen a renouvelé la célèbre épreuve de

Desgenettes, s'inoculant le sang d'un pestiféré, devant les troupes de Bonaparte, en Egypte. Le médecin suédois s'est inoculé, à quatre reprises différentes, le sang d'un lépreux : témérité vaine, puisque le sang du lépreux, comme celui du pestiféré, ne renferme qu'exceptionnellement, et d'une façon toujours passagère, le germe contagieux. Un autre médecin, Profita, a répété la même expérience, sans plus d'inconvénient. L'opération n'aurait peut-être pas été aussi innocente, si l'on se fût adressé à une matière qui contînt réellement le microbe, en puissance de toute son énergie vitale, et, par exemple, à la sanie d'un ulcère, au tissu d'une nodosité. C'est ce que prouve une autre épreuve, retentissante, réalisée plus récemment par un médecin, Arning, qui s'est acquis une grande notoriété parmi les dermatologisles par ses recherches sur l'épidémie des îles Sandwich. Un Canaque, nommé Keanu, condamné à mort pour quelque crime, consentit, sous promesse d'une commutation de peine, à subir l'inoculation. Elle fut pratiquée le 30 septembre 1884 par Arning. Un an après, la lèpre n'avait pas encore apparu. Chaque fois que l'on explorait le champ d'inoculation, et que l'on examinait au microscope un lambeau de peau excisée, on y trouvait quelques bacilles. Ce n'est que trois ans plus tard, en 1887, que le mal fit son apparition. Ces circonstances ont permis d'interpréter l'expérience de deux manières opposées : pour les uns, c'est une démonstration de la contagion de la maladie, et de l'inoculabilité du microbe. Les autres en concluent, au contraire, l'incapacité de cet organisme à se développer dans le lieu d'introduction, et ils attribuent l'apparition tardive de l'affection, à l'infection fortuite du condamné par l'épidémie régnante.

On devine que la culture du bacille de la lèpre est encore plus difficile dans les milieux artificiels usités en bactériologie. Et, en effet, les tentatives de ce genre ont échoué, quoi que l'on ait voulu prétendre. Il semble pourtant que M. C.-H. Spronck, d'Utrecht, ait été plus heureux que ses prédécesseurs. Il a réussi, en 1898, à en obtenir le développement dans des bouillons simples de poissons. Mais la race de ces micro-organismes s'y modifie et y dégénère, quoique leur aspect général reste le même, et qu'ils soient immobiles, chromogènes, aérobies facultatifs à la façon du bacille originel. M. Spronck a observé un autre fait qui peut avoir son intérêt, c'est qu'il est possible de faire le sérodiagnostic de la lèpre de la même manière que l'on fait celui de la fièvre typhoïde.

Section VI

La question de la contagiosité est, à tous les points de vue, l'une de celles sur lesquelles il importerait le plus d'être éclairé. C'est l'opinion que l'on s'en fait qui règle, comme nous l'avons vu, la conduite observée vis-à-vis des lépreux et les procédés de la défense contre cette maladie. La plupart des médecins ont cru, en tout temps, à la contagion de la lèpre. L'opinion publique a, le plus souvent, jugé de même. Cependant, quelques observateurs éminents, surtout à notre époque, ont soutenu une doctrine contraire : et parmi ceux qui ont fait des réserves expresses à ce sujet, il faut citer Boeck, Danielssen et Virchow. Il y a donc des anticontagionnistes. Leur meilleur argument, c'est l'exemple des mariages où l'un des conjoints étant lépreux, l'autre est resté sain malgré une longue cohabitation ; et, de même, les cas si nombreux où, malgré la promiscuité continuelle et l'existence en commun, les parents et les amis échappent à la contamination. Au Japon, selon Kaposi, les individus sains et malades se trouvent réunis dans les marchés, les temples, les théâtres, les prisons ; souvent ils vivent pêle-mêle ; ils boivent et mangent dans les mêmes ustensiles, couchent ensemble, sans se communiquer la maladie quoiqu'ils présentent souvent des excoriations et des plaies favorables à sa transmission. Zambaco-Pacha relate des exemples d'époux vieux et jaloux (c'est en Turquie) qui ont voulu communiquer le mal à leurs femmes jeunes et belles, sans y parvenir.

Aux exemples précédents les contagionnistes en opposent de contraires.

Ils nient, en particulier, le fait que les médecins, les gardes-malades, les infirmiers, les sœurs échappent ordinairement à la contagion, Combien de fois la cruelle maladie n'a-t-elle pas frappé les sœurs de charité ou les missionnaires qui se dévouent au soin des lépreux ? Le cas du Père Damian frappé, au bout de quelques années, à l'établissement de Molokaï, en est un exemple mémorable, mais non pas isolé.

Toutes ces discussions sont donc vaines. La solution complète du problème et de ses difficultés, est tout entière dans la connaissance de l'histoire naturelle du bacille de la lèpre.

Les conditions de la vitalité du bacille lépreux paraissent très étroites. Il cesse de végéter, s'immobilise et meurt dès qu'il s'en écarte. Aussitôt qu'il est séparé du corps de son hôte, c'est-à-dire de son milieu habituel, il périt. Mort le lépreux, mort son venin. La lèpre s'éteint avec le malheureux qui la porte. C'est là une distinction capitale avec le bacille de Koch dont la vitalité et la virulence persistent au-delà de toute prévision. Il est probable que les résultats négatifs de bien des cultures et de bien des inoculations tiennent à ce que l'on a employé des cadavres de bacilles, au lieu d'organismes vivants.

Cependant y a-t-il d'autres conditions rares, où le microbe se conserverait à l'état de vie latente ? Est-il, en un mot, capable de se comporter comme le grain de blé qui peut attendre indéfiniment l'occasion de germer, comme les infusoires qui s'enkystent et les bactéries qui se résolvent en spores jusqu'au retour de temps favorables ? Cela est infiniment vraisemblable. On ne connaît pas encore cet état sporulaire, mais on est obligé de le supposer pour rendre compte de l'un des caractères les plus frappants de la lèpre, à savoir sa longue incubation. Un délai très inégal sépare, en effet, le moment où le lépreux s'est exposé à la contagion et celui où la maladie se déclare. Il suffit souvent de quelques mois, plus rarement de quelques jours : il faut quelquefois des années. Des voyageurs originaires d'une région indemne et qui ont visité un pays lépreux, de retour chez eux, ont vu la maladie se déclarer après dix, vingt et même trente années. Des faits de ce genre ne sont intelligibles que si le bacille s'est conservé quelque part, en état de vie latente, jusqu'au jour où il est tombé sur un terrain fertile. C'est d'ailleurs ce qui se produit d'une manière plus ou moins marquée pour la plupart des maladies microbiennes et même pour la malaria.

Il est vraisemblable que l'infection lépreuse naturelle se fait par certaines voies de préférence à d'autres. E. Jeanselme et Laurens ont soutenu, à la réunion de Berlin, en 1897, que la lèpre débutait ordinairement par un coryza chronique. La muqueuse nasale serait, la porte d'entrée habituelle de la contagion : le bacille pénétrerait par une érosion de la membrane ; et, alors, aux symptômes banals du rhume de cerveau, enchifrènement, obstruction des narines, s'ajouteraient des saignements de nez abondants. De fait, le bacille se rencontre fréquemment dans la sécrétion nasale. Beaucoup de médecins pensent que celle-ci est très virulente et constitue l'un des agents habituels de propagation du mal.

Section VII

Que dire du traitement de la lèpre ? On l'a toujours considérée comme un mal sans remède : sa marche est lente mais irrésistible, la mort en est la conséquence plus ou moins prochaine. Elle est le fait d'un empoisonnement qui s'ajoute aux lésions locales et apparentes de la maladie, et tarit les sources de l'activité vitale. La santé générale s'altère ; le lépreux s'amaigrit, s'affaiblit et meurt de consomption s'il n'est enlevé, prématurément, par quelque maladie intercurrente.

Ni les lésions locales, ni cette intoxication, n'ont pu être combattues victorieusement jusqu'ici. L'issue en est fatale. On a préconisé, en divers pays, une foule de médications, dont une des plus efficaces consiste dans l'emploi, à l'intérieur, de l'huile de chaulmoogra (Gynocardia odorata). Ce sont là de pauvres moyens. Les essais de sérothérapie qui ont été tentés de divers côtés, à Alger, et surtout à l'Institut Pasteur d'Hanoï, autorisent, au contraire, les plus grandes espérances.

ISBN : 978-3-96787-970-4

Lightning Source UK Ltd.
Milton Keynes UK
UKHW010628180621
385739UK00001B/161